宇宙から見た日本
〜 地球観測衛星の魅力 〜

日本のことは、宇宙から見よう！高いところから見ると、広く全体を見ることができます。科学技術の進歩によって、現在は宇宙のような高さから日本のことが調べられるようになりました。

この本は、地球を調べるために宇宙に打ち上げられた「地球観測衛星」の画像を集めています。飛行機から撮影した空中写真のように見えるかもしれません。ここで紹介しているものは、衛星画像に一工夫したコンピュータ・グラフィクス（ＣＧ）です。地面の様子、つまり地形や環境が分かりやすくなるように、いろいろな画像処理をしてあります。

普通の地図とは違った、衛星画像による日本をお楽しみください。

新井田 秀一

神奈川県鳥瞰図

宇宙から見た丹沢山地

神奈川

神奈川県は、西側に箱根火山や丹沢山地といった高い山々があります。ほぼ中央を流れる相模川を越えた東側には、多摩丘陵のような比較的なだらかな丘陵・台地や川沿いの平野があります。この丘陵地帯は南東方向へ伸び、三浦半島へつながっています。

県内を流れる大きな河川は西側から酒匂川、相模川、多摩川とありますが、その流域にはそれぞれ足柄平野、相模平野、多摩低地が広がっています。

衛星画像には、西側に緑色、東側に灰色が多く映っています。この灰色は、市街地や工場など人工物に特徴的な色です。緑色は植物に覆われていることを示します。東側では、丘陵の端の部分、つまり崖の部分が緑色になっているのが分かります。この緑色の濃さは植物の種類の違いを表しています。

西側の山々を見ると、高さによって緑色の濃さが違っています。スギやヒノキなどの植林をしている標高の低いところは濃い緑色になっています。若草色に見える部分は水田や畑などの農地で、平野部や三浦半島先端の宮田台地に多く見られます。若草色よりさらに薄い黄緑色の部分が、丹沢山地の山ろく部や大磯丘陵、伊豆半島、愛鷹山周辺に見られます。これはゴルフ場です。虫食い穴のようにも見えます。

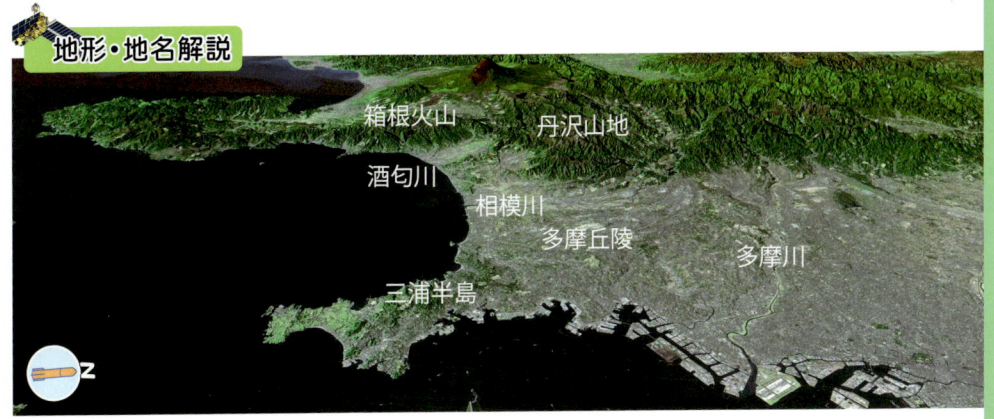

地形・地名解説

箱根火山　丹沢山地　酒匂川　相模川　多摩丘陵　多摩川　三浦半島

富士山を南東から見る

データ

p.4-5：神奈川県鳥瞰図
鳥瞰位置 北緯35度18分　東経140度17分
高度26,000m　過高率1.5倍
方位274.0度　伏角27.8度
衛星画像 Terra/ASTER
　　　　　　2002年3月・10月を合成

p.6：宇宙から見た丹沢山地
鳥瞰位置 北緯33度44分　東経144度40分
高度250,000m　過高率1.5倍
方位292.0度　伏角36.4度
衛星画像 Landsat/TM　1997年4月

p.7：富士山を南東から見る
　　　　　　　　（箱根火山と富士山）
鳥瞰位置 北緯34度38分　東経140度03分
高度60,000m　過高率1.25倍
方位305.0度　伏角30.6度
衛星画像 Landsat/TM
　　　　　　1997年4月・1996年11月を合成

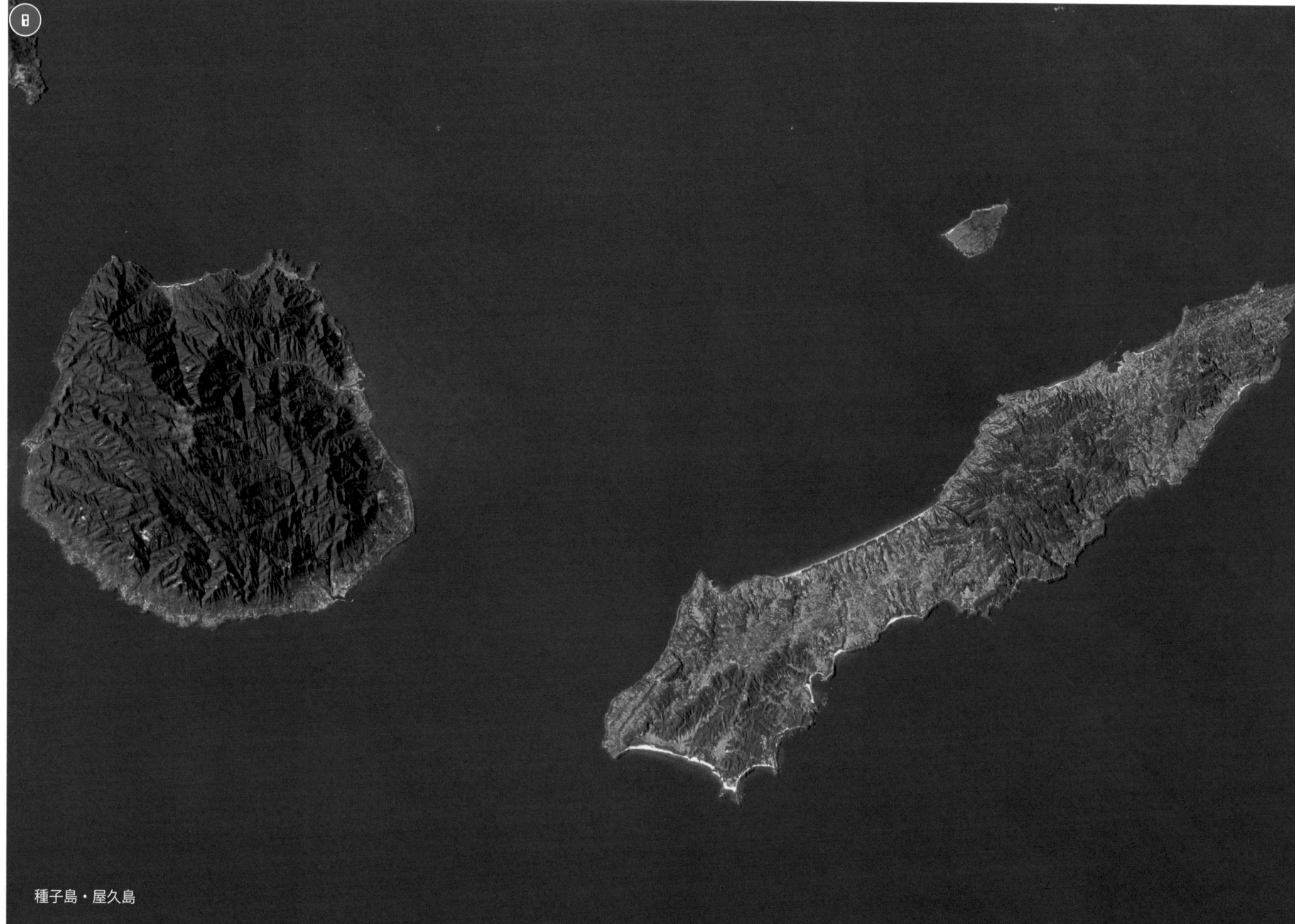
種子島・屋久島

種子島・屋久島

種子島は周囲130km、南北58km、東西10kmほどの細長い島です。面積は442平方km、一番高いところでも三角点のある標高282.3mしかない、平坦な島です。数回の隆起により、階段状に土地が削られた海成段丘が発達しています。歴史的には戦国時代に鉄砲が伝来したことで知られ、現在は宇宙開発の基地として知られる島です。

それに対し屋久島は直径約26km、周囲約90kmの円形をしています。種子島とは対照的に、起伏の激しい島です。九州では一番高い宮之浦岳(1,936m)をはじめ、永田岳(1,886m)など1,000mを越える山が名前が付けられているものだけでも45座以上あります。

また、これらの山を削るように深い谷が発達しています。たとえば宮之浦岳や小高塚山(1,501m)を源とする宮之浦川や、永田岳を源とする永田川などがあります。山間部で年間8,000mmを越えるという雨水を10km程度の長さの川が一気に海まで流してしまいます。この豊富な雨は、屋久杉に代表される豊かな自然を育くんでいます。縄文杉やウイルソン株は、宮之浦岳から西に流れる安房川沿いにあります。

平坦な土地は海岸沿いにわずかしかありません。これは、種子島と同じ海成段丘です。

地形・地名解説

北から見た屋久島

データ

p.8：種子島・屋久島
鳥瞰位置 北緯29度01分　東経132度06分
高度670,000m　過高率1.5倍
方位322.5度　伏角78.4度
衛星画像 Landsat/TM　1997年4月

p.9：北から見た屋久島
鳥瞰位置 北緯34度45分　東経131度10分
高度600,000m　過高率1.5倍
方位187.1度　伏角61.9度
衛星画像 Landsat/TM　1997年4月

10 九州山地と中央構造線

九州山地

四国の佐田岬半島からつながる中央構造線が、佐賀関半島から阿蘇火山を通り、天草諸島へ向けて通っています。中央構造線から南側には、九州山地が祖母山、市房山、人吉盆地へと伸びています。

火山地形としては、阿蘇火山のカルデラや雲仙火山の溶岩ドームが有名です。このほかに阿蘇から南方向に加久藤盆地、霧島火山群、鹿児島湾、桜島、開聞岳など火山活動に起因する地形がほぼ一直線に並んでいるのがわかります。

鹿児島湾には、桜島の北側に姶良カルデラ、指宿の南北に阿多南、阿多北カルデラの存在が知られています。しかしこれらは、陥没した部分に海水が入り込んでいるのでカルデラの縁の部分しか見えていません。もうひとつ海底に隠れているカルデラに鬼界カルデラがあります。これは硫黄島の南側の海底にあります。

霧島火山群は、韓国岳(1,700m)、獅子戸岳(1,429m)、新燃岳(1,420m)、高千穂峰(1,574m)など北西から南東の方向に並んでいます。大きな火口を持った火山が多いのが特徴です。大浪池は直径1.1km、韓国岳は0.9kmあります。

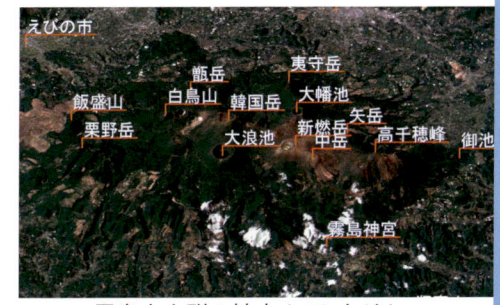

霧島火山群の拡大 (p10より)

データ

p.10：九州山地と中央構造線
鳥瞰位置 北緯27度25分　東経127度45分
高度350,000m　過高率1.5倍
方位27.0度　伏角49.0度
衛星画像 Landsat/TM
　　1998年4月・1999年4月を合成

阿蘇火山

阿蘇火山

　阿蘇火山は、カルデラの例として知られています。南北25km、東西18kmの巨大なカルデラの中央部に、烏帽子岳(1,337m)、中岳(1,506m)、高岳(1,592m)など中央火口丘が東西方向に並んでいます。このうち、中岳と高岳は現在も活発な活動を続けています。

　余色立体図では西方向から阿蘇火山を見ています。この図では上下(東西)方向に中央火口丘が並んでいます。左右(南北)にあるカルデラ底や、上(西)方向に川によってカルデラ壁が切れている様子を見てください。(余色立体については p.44 を参照)

　別府は温泉地として知られ、西に15kmほど離れたところには由布院温泉があります。別府から阿蘇火山に向かう南東方向に由布・鶴見火山群、九重火山群があります。

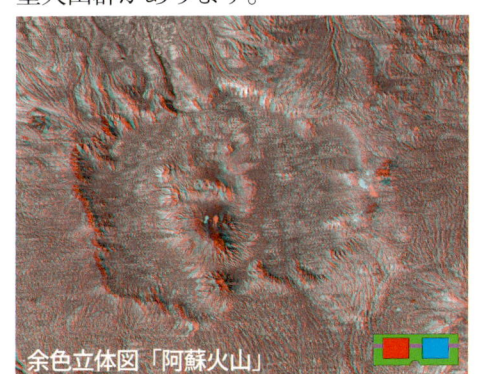

余色立体図「阿蘇火山」

データ

p.12：阿蘇火山
鳥瞰位置 北緯31度20分　東経128度10分
高度210,000m　過高率1.5倍
方位56.9度　伏角45.3度
衛星画像 Landsat/TM
　　　　1998年4月・1999年4月を合成

p.13：阿蘇火山と中央構造線
鳥瞰位置 北緯32度15分　東経127度50分
高度250,000m　過高率1.5倍
方位77.1度　伏角45.0度
衛星画像 Landsat/TM
　　　　1998年4月・1999年4月を合成

p.13：余色立体図「阿蘇火山」　衛星画像 Terra/ASTER VNIR 2004年1月

中国地方西部

中国地方

鍾乳洞で有名な秋芳洞は、秋吉台にあります。東西約13km、南北約15kmにもおよぶ石灰岩台地の秋吉台は、衛星画像で見ると緑色の調子がまわりと少し違っています。地形のでこぼこの様子が、ほかの場所より少なめに見えています。

秋吉台の西側では石灰岩の採掘が行われています。衛星画像では掘削されている場所が白く見えています。ここから長門や宇部、小野田に送られセメントなどに加工されます。

地形・地名解説

秋吉台周辺

データ

p.14：中国地方西部
鳥瞰位置 北緯29度59分　東経129度27分
高度 500,000m　過高率 1.5倍
方位 24.9度　伏角 55.1度
衛星画像 Landsat/TM　1998年4月

p.15：秋吉台周辺
鳥瞰位置 北緯29度20分　東経138度00分
高度 500,000m　過高率 1.5倍
方位 331.5度　伏角 44.5度
衛星画像 Landsat/TM　1998年4月

山陰地方

中国山地

兵庫県北部から山口県中央部にかけて中国山地はあります。全長は300kmを越え、標高1,500m以下の山々が連なっています。p.16では扇ノ山・氷ノ山から三瓶山を通っています。

この山地の南側には津山や三次などの盆地があります。

大山(1,729m)は、南北30km、東西35kmの大きさを持つ火山です。広い裾野とそれを削る深い谷が目立ちます。しかし、山頂部は溶岩ドームとなって膨らんでいます。

大山周辺

地形・地名解説

隠岐諸島、三瓶山、宍道湖、松江、中海、米子、大山、三次、鳥取、扇ノ山、氷ノ山、福山、津山、岡山、塩飽諸島、備讃諸島、姫路

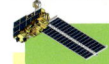

データ

p.16：山陰地方
鳥瞰位置 北緯26度41分　東経142度09分
高度700,000m　過高率1.5倍
方位321.0度　伏角44.5度
衛星画像 Landsat/TM　2000年5月

p.17：大山周辺
鳥瞰位置 北緯30度30分　東経123度00分
高度600,000m　過高率1.5倍
方位58.3度　伏角42.7度
衛星画像 Landsat/TM　2000年5月

北西から見た四国

四国地方

この四国は、北西から見たものです。四国を貫く「中央構造線」とその周辺の地形を目立たせるため、このアングルになりました。左上から右下、つまり徳島から松山にかけて、一本の谷筋が見えます。これが中央構造線です。新居浜周辺を見ると、かなり急な地形が一直線になっていることが分かります。

中央構造線の北(下)側には讃岐山脈があります。南(上)側の四国山地には、石鎚山地など中央構造線に平行して山並みが何本も走っているのがみえます。

徳島周辺では、中央構造線に沿って流れている吉野川が曲がりくねり、山を削り運んできた土砂によって平野を作っています。

室戸岬周辺には階段状になった地形、海岸段丘が見えます。

高知の西、鳥形山に見える白い部分は石灰岩を採掘しているところです。徳島から室戸岬にかけて白く見えるところがありますが、こちらは雲です。

四国西部の宇和島周辺の海岸線は、出入りに富んだリアス式海岸となっています。

愛媛県西部にある卯之町(西予市)では、雨水はすぐそばの海(豊後水道)には流れ込みません。肱川として東に流れ、野村で北に向きを変え、大洲を通り長浜から瀬戸内海に注ぎます。直線距離なら20kmですむところを、80kmもかけています。

地形・地名解説

宇宙から見た西予市

データ

p.18：北西から見た四国
鳥瞰位置 北緯37度07分　東経129度17分
高度700,000m　過高率1.5倍
方位134.5度　伏角63.8度
衛星画像 Landsat/TM
　　2000年5月・1990年10月を合成

p.19：西予市を南から見る
鳥瞰位置 北緯29度33分　東経132度38分
高度310,000m　過高率1.25倍
方位0.0度　伏角43.0度
衛星画像 Terra/ASTER VNIR　2003年3月

京都・大阪・神戸

京阪神

京都は東西を急な崖で区切られた盆地です。東側には規模は小さいのですが同じように崖に挟まれた山科盆地があります。さらに南には奈良盆地があり、これらの盆地の東側はほぼ一直線の山並みが比叡山地、醍醐山地、笠置山地と続いています。この地形は活断層の動きによるものです。

大阪から神戸にかけての大阪平野は、その北側に一直線の山並みが続いています。これも断層によるものです。淡路島の北部から始まり、六甲山地や北摂山地に沿っています。1995年1月17日に発生した兵庫県南部地震（阪神・淡路大震災）で動いたのが、この一連の断層です。この衛星画像は地震前に観測されたものなので、その影響は写っていません。

大阪平野には、灰色の市街地の中に、緑色の島がいくつもあります。これは公園などの緑地なのですが、平野の中央に大阪城、南部には仁徳天皇陵などの陵墓群があります。

奈良盆地と大阪平野では、色合いが異なっています。大阪は4月、琵琶湖から奈良盆地にかけては10月に観測しているからです。

地形・地名解説

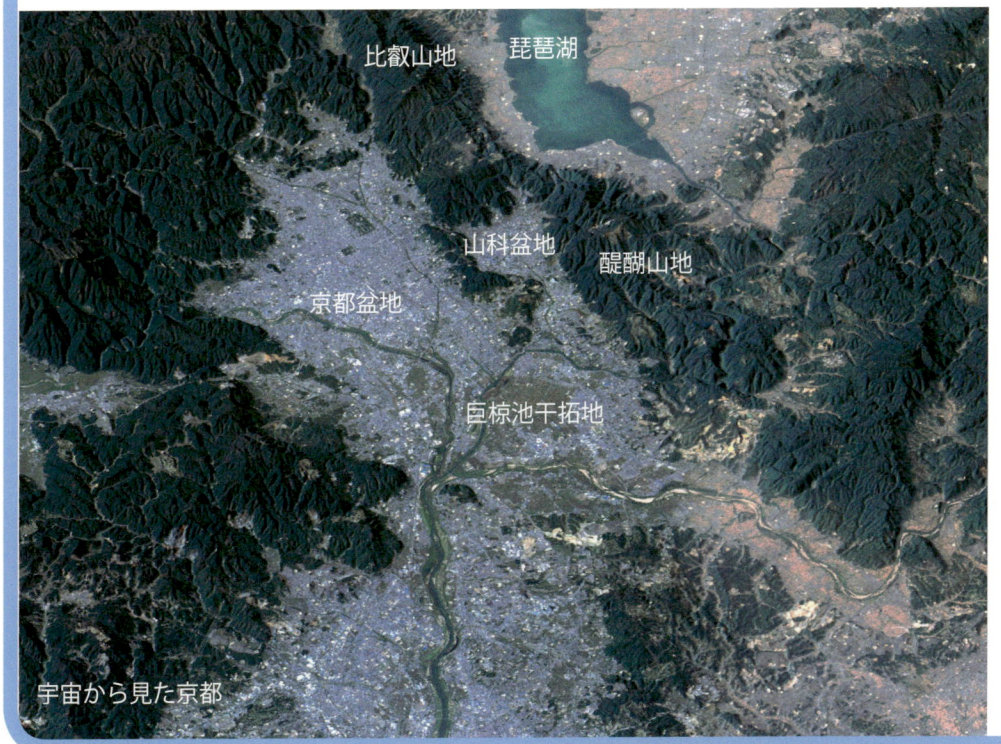

宇宙から見た京都

データ

p.20：京都・大阪・神戸
鳥瞰位置 北緯26度40分　東経131度00分
高度600,000m　過高率1.5倍
方位24.6度　伏角45.5度
衛星画像 Landsat/TM
　　1991年4月・1997年10月を合成

p.21：宇宙から見た京都
鳥瞰位置 北緯29度12分　東経131度11分
高度600,000m　過高率1.5倍
方位33.2度　伏角51.4度
衛星画像 Landsat/TM
　　1991年4月・1997年10月を合成

紀伊半島

紀伊半島

　和泉山脈と紀伊山地に挟まれた谷筋が中央構造線です。和歌山から東にたどっていくと、金剛山地のあたりで二股に分岐するようにも見えます。しかし奈良へは曲がらずに、紀伊山地と高見山地との間をそのまま直進します。

　尾鷲から鳥羽にかけての海岸線は、リアス式海岸となっており、その水深の深さを生かした、真珠の養殖が有名です。

　紀伊半島の付け根（津から大阪にかけて）のほうを見ると、平野・盆地と山地が交互に並んでいるのがわかります。伊勢平野、布引山地、上野盆地、笠置山地、奈良盆地、生駒山地、大阪平野。これは断層の活動によるものです。

　奈良から尾鷲にかけて紀伊半島の中央部の色が少し明るめになっているのは、季節の異なるデータを合成しているからです。明るいところが10月、そのまわりは4月です。できるだけ雲の少ない画像を優先に合成しているために、季節が異なったものを使用することがあります。

地形・地名解説

データ

p.22：紀伊半島
鳥瞰位置 北緯27度00分　東経139度34分
高度610,000m　過高率1.5倍
方位337.5度　伏角44.8度
衛星画像 Landsat/TM　1997年10月を中心に1991年4月・1992年8月を合成

p.23：志摩半島
鳥瞰位置 北緯32度26分　東経139度45分
高度600,000m　過高率1.5倍
方位303.4度　伏角67.7度
衛星画像 Landsat/TM
　　　　1997年10月・1992年4月を合成

名古屋遠景

名古屋

岐阜県と愛知県にまたがる濃尾平野は、市街化されて灰色に見える名古屋・岐阜周辺と茶色や深い緑色に見える耕作地に分けられます。この平野は、揖斐川・長良川・木曽川がその後ろ側にある両白山地、美濃高原や飛騨高原から運び出した土砂がたまってできたものです。

この3つの川は、古くは合流することでしばしば氾濫したため、分離する治水事業が行われてきました。よく見ると、長良川と木曽川が寄り添う地点には、中央分離帯のように堤防が設けられています。また下流部では、水害から集落を守るため堤防で集落を包む「輪中」が見られますが、この図でははっきりとは見えていません。

両白山地は、標高2,702mの白山を最高峰とする東西70km、南北90kmの山地です。

両白山地と鈴鹿山地の谷間は、関が原です。東海道本線や新幹線、名神高速道路がこの狭いところを通過する、交通の要所です。少し西側に白い山があります。これは、石灰岩を採取している伊吹山です。琵琶湖の西側にも白い塊が無数にありますが、こちらは雲です。

地形・地名解説

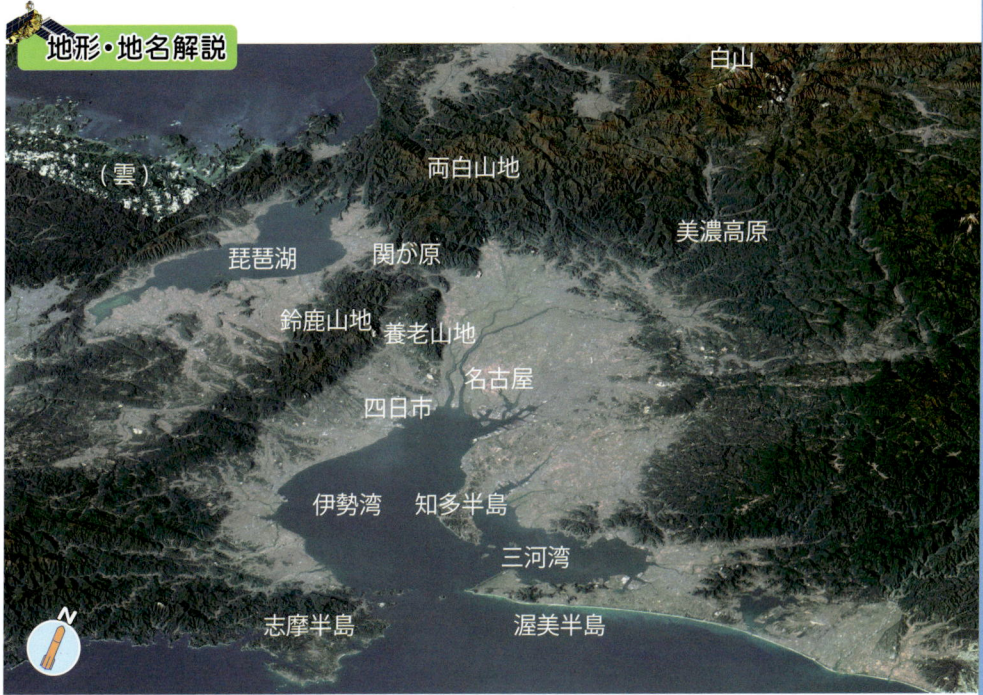

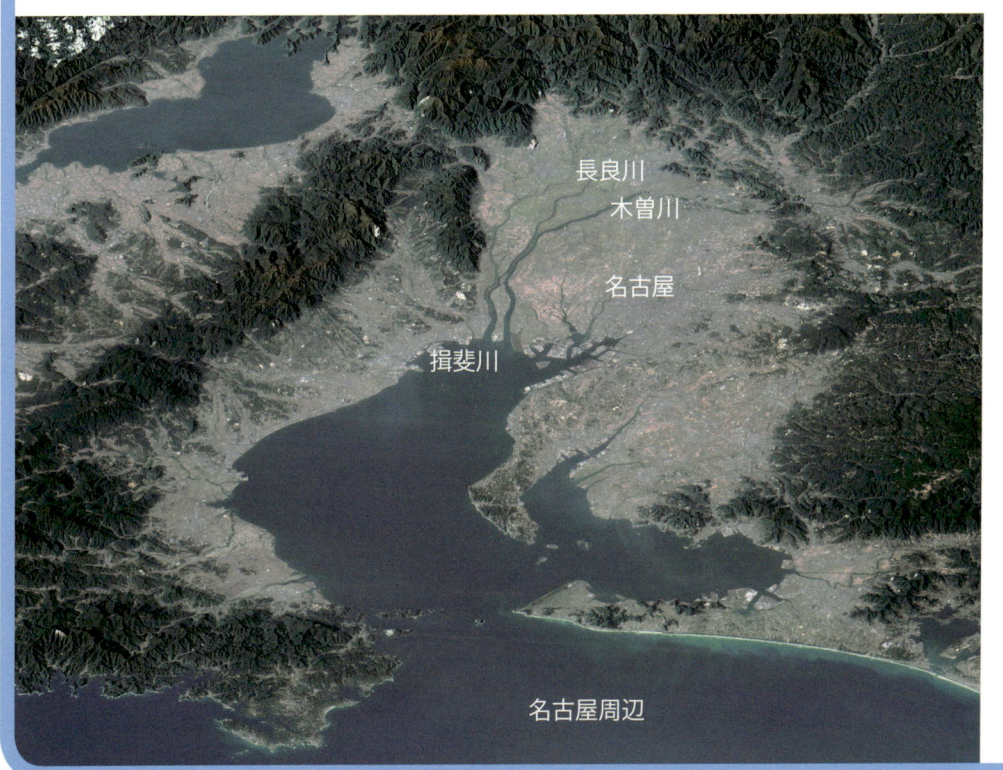

名古屋周辺

データ

p.24：名古屋遠景
鳥瞰位置 北緯27度14分　東経140度52分
高度600,000m　過高率1.5倍
方位337.0度　伏角45.8度
衛星画像 Landsat/TM 1997年10月を中心に
1992年8月・1993年11月を合成

p.25：名古屋周辺
鳥瞰位置 北緯27度14分　東経140度52分
高度600,000m　過高率1.5倍
方位337.0度　伏角46.5度
衛星画像 Landsat/TM 1997年10月を中心に
1992年8月・1993年11月を合成

中央構造線

中央構造線

　日本は、フォッサマグナ（ラテン語：Fossa Magna）という、大きな溝で東西に分けられます。糸魚川から諏訪湖を通り静岡につながる断層線（糸魚川－静岡構造線：黄色）が、フォッサマグナの西端です。

　この構造線の途中、諏訪湖周辺から木曽山脈と赤石山脈に挟まれる伊那盆地のわきを通り、西のほうにつらなっているのが、中央構造線（赤色）です。この線によって、西日本を南北方向に半分に分けています。九州には阿蘇火山の下を潜り抜け、天草諸島に至ります。この全長は900kmにもなります。

　鳥瞰図を見ると、東西(上下)方向に走る九州山地〜四国山地〜紀伊山地という高まり、瀬戸内海というくぼ地、中国山地という高まりのように波打っているのが目に付きます。さらによく見ると、南北(左右)方向にも凸凹が繰り返しています。九州の高まり、周防灘のくぼ地、以下交互に、高縄半島、燧灘、讃岐山地、大阪湾、生駒山地、琵琶湖、鈴鹿山脈、濃尾平野、木曽山脈となっています。これは、西日本が東西方向に押されて、しわが寄っているような状態を示しています。

　中央構造線を境に、フォッサマグナによって分けられた西側の「西南日本」と呼ばれるエリアにおいて、地質は大きく変化しています。中央構造線の南側を「西南日本外帯」といい、南から北に向かって第三紀から白亜紀およびジュラ紀の地層が帯状に並んでいます。また、北側は「西南日本内帯」といい、こちらの地層は外帯ほどきれいな帯状にはなっていません。

データ

p.26：中央構造線
鳥瞰位置 北緯39度30分　東経152度50分
高度800,000m　過高率1.5倍
方位257.4度　伏角43.2度
衛星画像 Landsat/TM
1990年代後半観測画像を合成

日本アルプスと糸魚川ー静岡構造線

日本アルプス

日本アルプスとは、飛騨山脈(北アルプス)、木曽山脈(中央アルプス)、赤石山脈(南アルプス)の総称です。標高2,000m超クラスの山々が連なっています。このエリアは11月に観測している画像なので、山頂付近には雪が積もっています。飛騨山地の一部には雲がかかっていて、山の様子が見えないところがあります。

この山脈の東側にあるのが、フォッサマグナです。本州の中央部を南北に縦断する溝で、西側は糸魚川－静岡構造線(下図の黄線)とされています。しかし、東側の区切りはいろいろな説があり、はっきりと決まっていません。中央構造線は、諏訪湖あたりでこの糸魚川－静岡構造線と交わります。飛騨山脈、木曽山脈、赤石山脈は西南日本に属します。

飛騨山脈の三俣蓮華岳を源に持ち、黒部峡谷を削る黒部川は、その削った土砂によって、扇状地を作っています。まわりを山に囲まれている富山平野では、常願寺川や神通川などの河川がつくる扇状地が見られます。

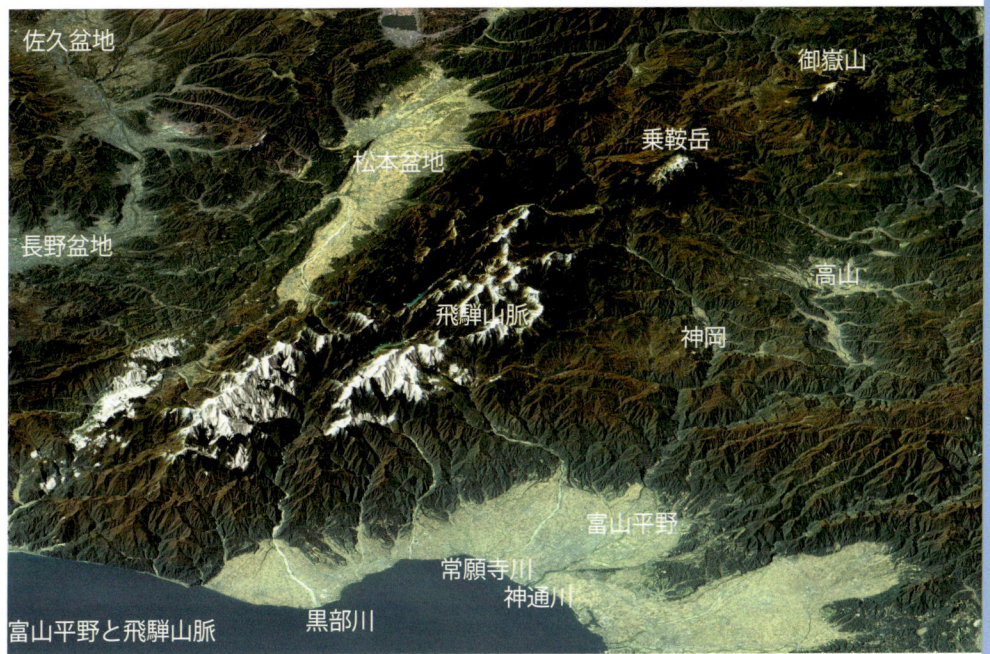

富山平野と飛騨山脈

地形・地名解説

データ

p.28：日本アルプスと糸魚川－静岡構造線
鳥瞰位置 北緯34度40分　東経147度00分
高度500,000m　過高率1.5倍
方位281.3度　伏角45.5度
衛星画像 Landsat/TM
　　　1990年代後半観測画像を合成

p.29：富山平野と飛騨山脈
鳥瞰位置 北緯42度02分　東経132度00分
高度500,000m　過高率1.5倍
方位140.5度　伏角46.0度
衛星画像 Landsat/TM
　　　1990年代後半観測画像を合成

越後平野と越後山脈

信越地方

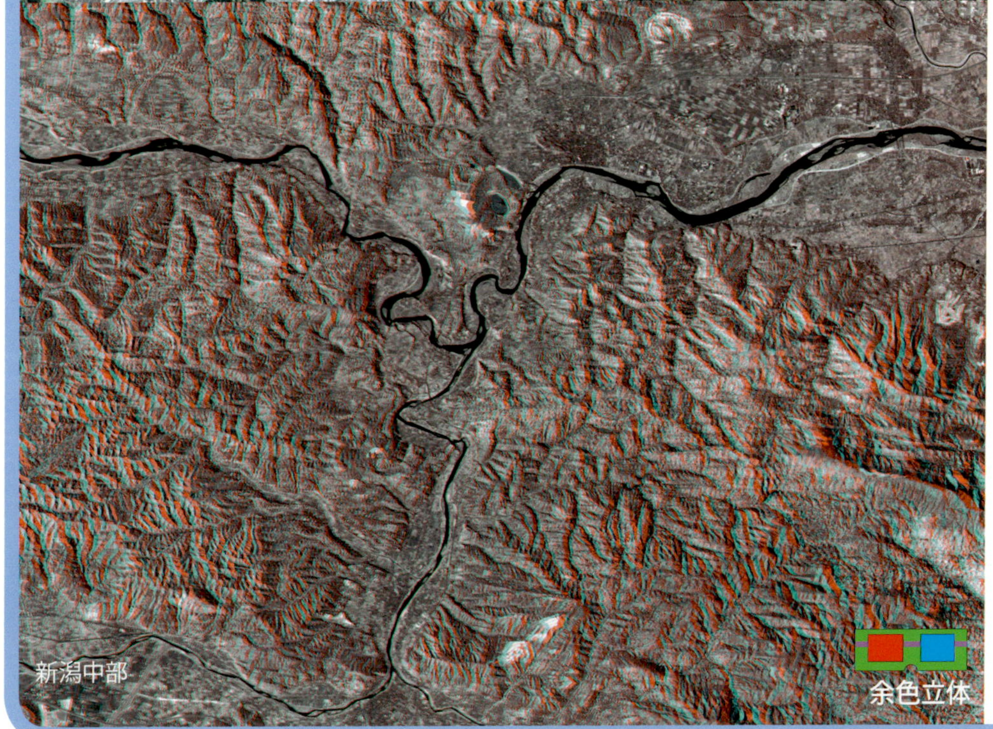

長野盆地から流れ出した千曲川は、飯山盆地を抜けると大きく曲がり、十日町盆地を抜けて、小千谷から越後平野に達します。ここからは信濃川と名を替え新潟にて日本海に注いでいます。

2005年10月23日に発生した新潟県中越地震で多くの被害を受けた旧山古志村は、この小千谷の近くにあります。p.31左図は、地震後の状況を余色立体図などで示しています。

地形・地名解説

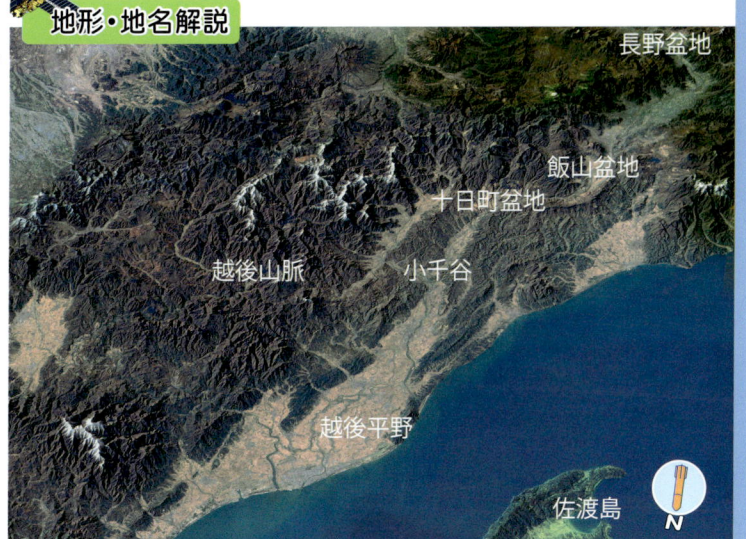

データ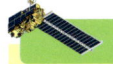

p.30：信越地方
鳥瞰位置 北緯43度21分　東経138度00分
高度 500,000m　過高率 1.5倍
方位 172.7度　伏角 49.6度
衛星画像 Landsat/TM
　　　1990年代後半観測画像を合成

p.31：余色立体「新潟中部」
衛星画像 Terra/ASTER VNIR 2004年11月10日

宇宙から見た関東平野

関東平野

関東平野は、利根川、江戸川、荒川、多摩川など大きな河川に沿った低地と丘陵や台地など少し高い面から構成されています。そして、まわりを屏風のように山で囲まれています。

青みがかった灰色に見えるところは工場や住宅の多い場所です。東京湾沿いなどに多く見られます。大きな河川の上流では、茶色に見える場所があります。これは水田などの農地です。4月に観測した画像なので、田植え前の状態です。

関東平野を取り囲む山々は、西側から、箱根火山、丹沢山地、関東山地、榛名山、赤城山、足尾山地、八溝山地などとなっています。箱根から浅間山、榛名山、赤城山にかけては火山であり、プレートの沈み込みに伴う火山フロントとなっています。

尾瀬は、日光の北西に位置します。標高1,660mにある尾瀬沼は面積1.8平方km、標高1,400mにある尾瀬ヶ原湿原は面積7.6平方kmです。11月観測なので、湿原のなかを流れる川沿いに緑色に見える樹木のある部分があり、それ以外は枯れて茶色に見えています。

地形・地名解説

データ

p.32：宇宙から見た関東平野
鳥瞰位置 北緯40度00分　東経151度00分
高度400,000m　過高率2.3倍
方位250.0度　伏角45.5度
衛星画像 Landsat/TM
　　1997年4月・1996年11月を合成

p.33：尾瀬
鳥瞰位置 北緯36度03分　東経140度22分
高度200,000m　過高率1.5倍
方位313.9度　伏角65.0度
衛星画像 Landsat/TM　1997年4月

阿武隈高地越しに見た関東

阿武隈高地

阿武隈高地は、福島県の海沿いの山々のことです。JRでいうと東北本線・水郡線と常磐線に挟まれたエリアになります。磐梯山など奥羽山脈や赤城山などの足尾山地と比べると、非常になだらかな山並みをしています。

八溝山地とを区切る直線的な谷は、棚倉構造線です。太平洋側にいわきから岩沼にかけて伸びる直線的な崖は、双葉断層です。

山頂が白くなっているのは雪です。11月の画像を使っているため、磐梯山など1,700m以上の山々には雪が積もっています。

阿武隈高地を南から低く見る

地形・地名解説

データ

p.34：阿武隈高地を北から見る
鳥瞰位置 北緯41度55分　東経143度14分
高度 200,000m　過高率 2.3倍
方位 205.1度　伏角 40.2度
衛星画像 Landsat/TM
1990年代後半観測画像を合成

p.35：阿武隈高地を南から低く見る
鳥瞰位置 北緯34度40分　東経140度08分
高度 80,000m　過高率 3.0倍
方位 3.0度　伏角 68.3度
衛星画像 Landsat/TM
1990年代後半観測画像を合成

36

東北地方

東北地方

　東北地方北部には、南北に3本の山並みがあります。秋田から山形を通る出羽山地、岩手県を縦断する北上山地、中央部を縦断する奥羽山脈です。

　北上山地は、高原のようになだらかな山々が続いています。その海岸線は、三陸海岸と呼ばれ、南部が起伏にとんだリアス式海岸、北部は隆起海岸となっています。

　奥羽山脈には火山が多くあります。岩手山など活発な活動をしている火山も多く、田沢湖や十和田湖のようにカルデラ湖もみられます。余色立体で十和田湖のカルデラといくつもの火口の並ぶ八甲田山を観察してみましょう。

　出羽山地には、白神山地のようにブナ林が発達し世界遺産に登録されているような山々があります。この北側にはほぼ円錐形の成層火山、岩木山(1,624m)があります。

　仙台平野に黒い線が入っているのは、観測時のエラーのためです。データが抜け落ちているため、黒で表示しています。また、男鹿半島は、残念ながら雲に隠されてあまり見えていません。

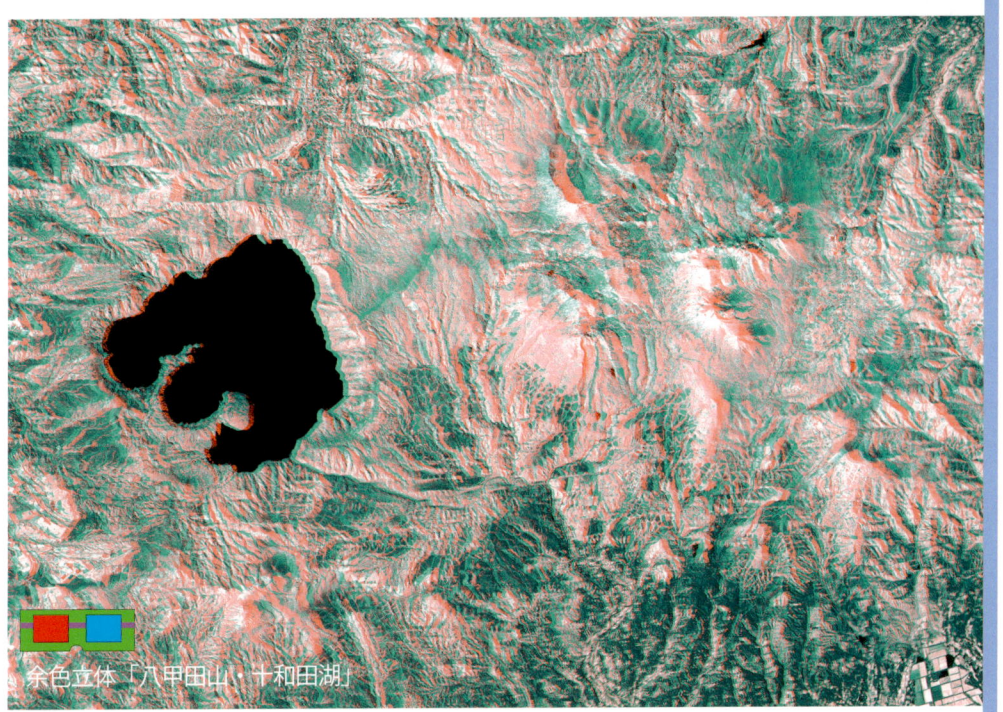

地形・地名解説

余色立体「八甲田山・十和田湖」

データ

p.36：東北地方
鳥瞰位置 北緯34度40分　東経147度00分
高度 500,000m　過高率 1.5倍
方位 318.9度　伏角 47.0度
衛星画像 Landsat/TM 1998年5月ほかを合成

p.37：余色立体「八甲田山・十和田湖」
衛星画像 Terra/ASTER VNIR 2004年9月

支笏・洞爺

支笏・洞爺

室蘭の周辺には火山地形が多くあります。2000年に噴火した有珠山をはじめ、後方羊蹄山（しりべしやま、または羊蹄山）やニセコ火山群、カルデラ湖としては、洞爺湖、支笏湖、倶多楽湖があります。

支笏湖のカルデラの淵には恵庭岳(1,320m)や風不死岳(1,103m)、現在も噴煙を上げる溶岩ドームのある樽前山(1,041m)があります。

後方羊蹄山(1,898m)は、きれいな成層火山の形をしています。それに対し、ニセコ火山群は、溶岩ドームのでこぼこが山頂部に目立っています。また、スキー場として開発されている箇所があります。その部分は斜面に筋状の色の異なる部分によって見分けられます。ゲレンデ部分が木を切ってあるため、まわりの森林部分と色合いが異なるのです。

洞爺湖は、中央に溶岩ドームでできた島のある、四角に近いカルデラ湖です。南側にある有珠山(732m)は成層火山の上に溶岩ドームが乗った形をしています。周辺部にも昭和新山(402m)などの溶岩ドームがあります。このでこぼこの様子は、余色立体図を見てください。

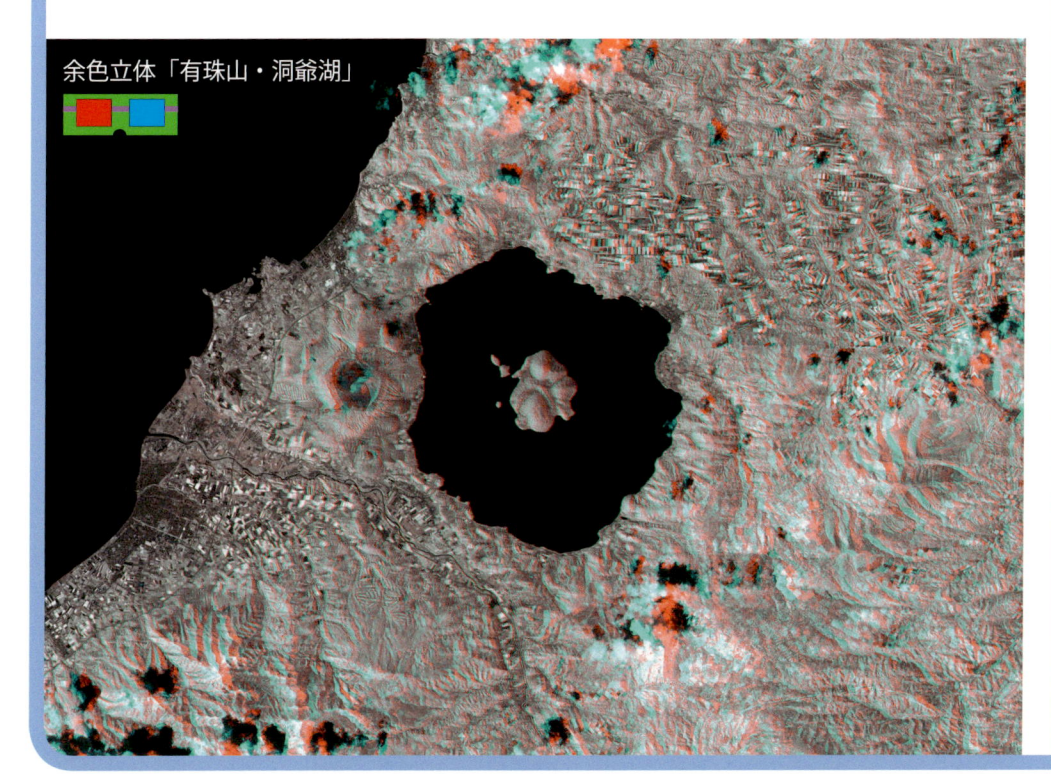

地形・地名解説

余色立体「有珠山・洞爺湖」

小樽／ニセコ火山群／後方羊蹄山／洞爺湖／有珠山／恵庭岳／支笏湖／風不死岳／樽前山／倶多楽湖／室蘭

データ

p.38：支笏・洞爺
鳥瞰位置 北緯34度40分　東経146度00分
高度690,000m　過高率1.5倍
方位335.5度　伏角48.9度
衛星画像 Landsat/TM　1998年5月観測

p.39：余色立体「有珠山・洞爺湖」
衛星画像 Terra/ASTER VNIR 2003年9月

襟裳岬

北海道

　北海道の中央部、襟裳岬から宗谷岬に向けては、逆S字型に日高山脈と北見山地が結んでいます。このつなぎ目には十勝岳（2,077m）や大雪山・旭岳（2,290m：北海道最高峰）があります。日高山脈の西側には夕張山地、北見山地の西側には名寄盆地を挟んで天塩山地があります。日高山脈の東側には広大な十勝平野が広がり、その先には湿原で有名な釧路平野、根釧台地があります。

　札幌から苫小牧を結ぶエリアは石狩平野と呼ばれ、低い土地が太平洋側と日本海側を結んでいます。

　十勝平野は関東平野に次ぐ2番目に大きい平野です。日高山脈との境には、扇状地が連続しています。帯広の周辺に見える緑と茶色のタイルパターンは、畑などの耕作地です。これより下流では、緑色に見える台地を川が削り込んでいる様子が、茶色い谷筋として幾筋も見ることができます。

　日高山脈や大雪山の山頂部は白く見えます。これは5月観測なので、雪が残っているためです。山肌に張り付いている様子が見えます。これに対し、日高山脈の西側に見える白い部分は雲です。釧路平野から根釧台地にかけても、薄い雲が筋のようにかかっています。

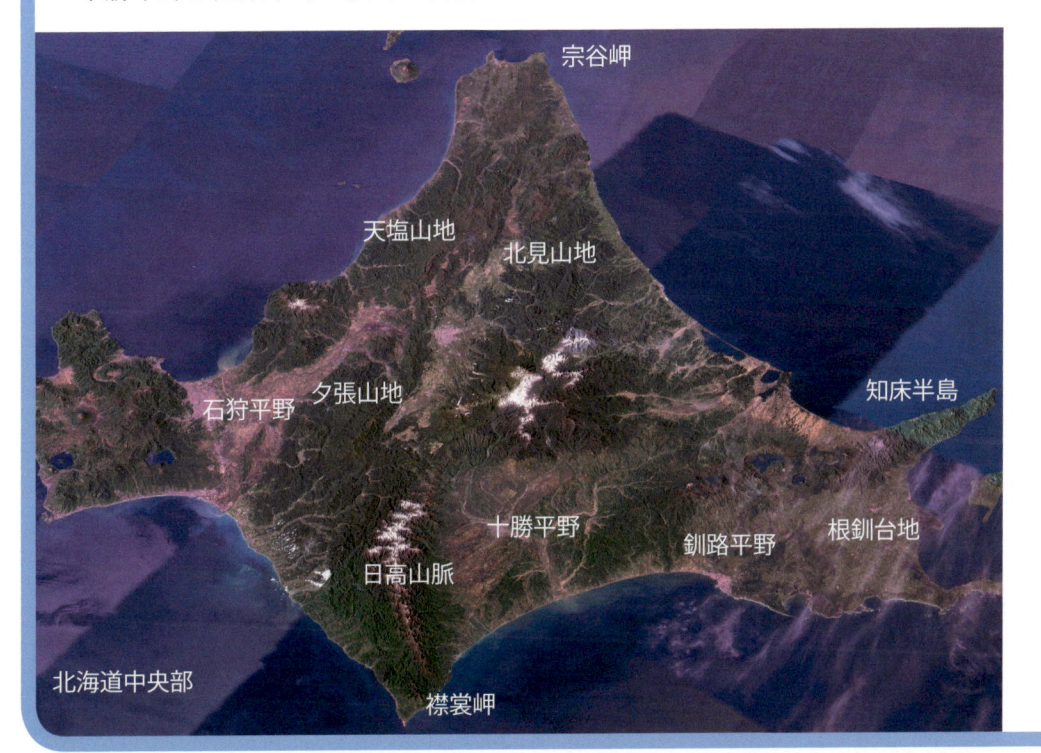

地形・地名解説

データ

p.40：襟裳岬
鳥瞰位置 北緯33度20分　東経148度24分
高度 690,000m　過高率1.5倍
方位 337.3度　伏角45.5度
衛星画像 Landsat/TM
　1999年5月・1998年5月観測を合成

p.41：北海道中央部
鳥瞰位置 北緯35度30分　東経147度00分
高度 900,000m　過高率1.5倍
方位 340.0度　伏角56.2度
衛星画像 Landsat/TM
　1990年代後半観測画像を合成

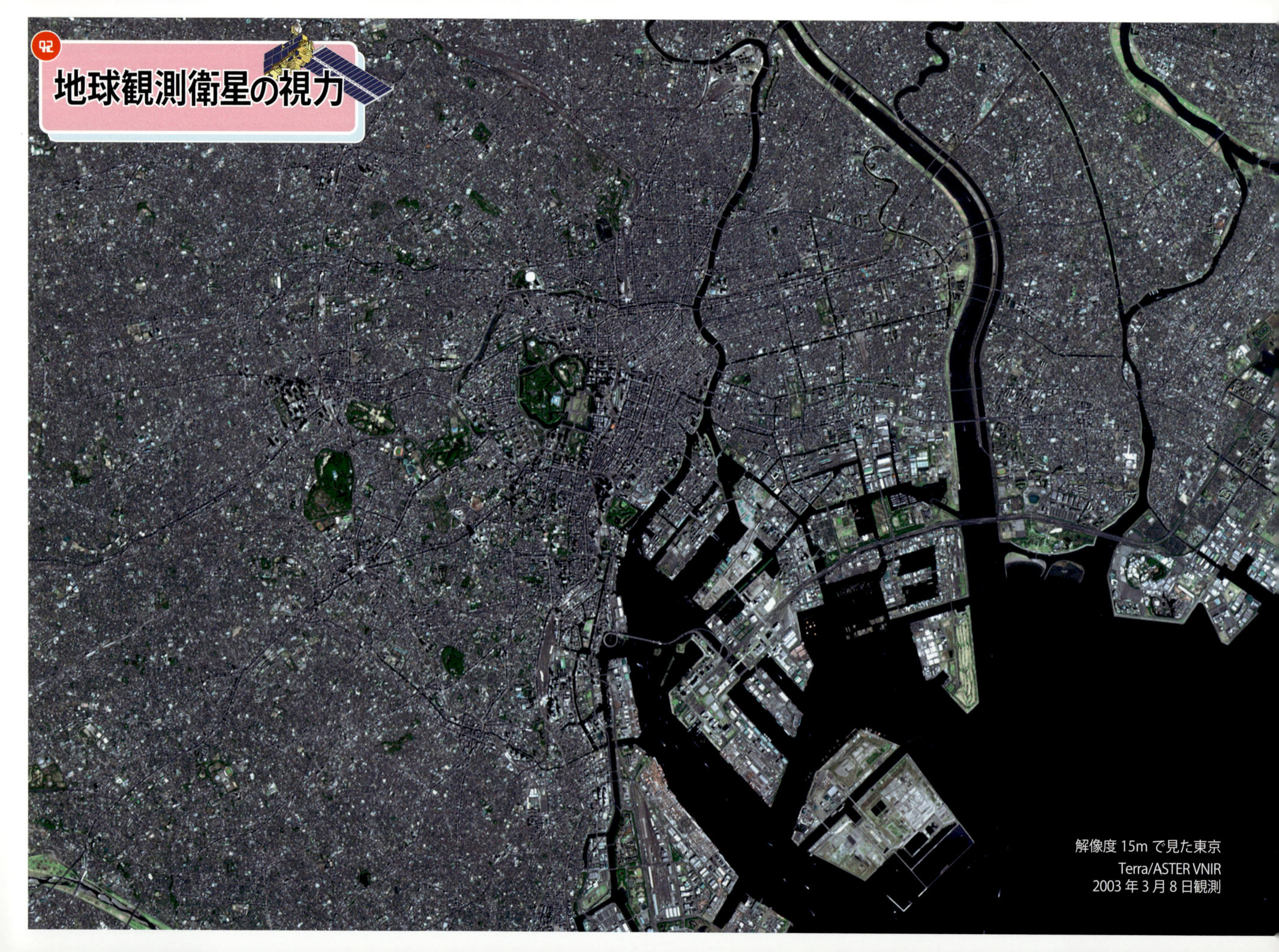

地球観測衛星の視力

解像度 15m で見た東京
Terra/ASTER VNIR
2003 年 3 月 8 日観測

地球観測衛星の視力

地球観測衛星とは？

離れたところから間接的に調べることを「リモートセンシング（遠隔探査）」といいます。標高0mの地上で見るより、3,776mの富士山から見たほうが、遠くが一度に見渡せます。地球の表面のことを広く調べるためにも、できるだけ高く離れたほうが効率が上がります。そこで、地球を調べるためのセンサ（カメラのような観測機器）を人工衛星に搭載したのが、地球観測衛星です。

人工衛星なので、地球を回る衛星軌道を飛行しています。人工衛星としては少し低めの500から700kmの高さを飛んでいます。

どこまで細かく見えるか？

1972年に登場したランドサット(Landsat)1号にはMSSというセンサが搭載されていました。これは地上で70mの大きさのものを見分けることができました。この能力を「解像度」といいます。1985年に打ち上げられたランドサット5号のTMでは30mまで解像度が高まりました。1999年打ち上げのTerra/ASTERでは、15mまで細かく見えます。

現在では、数mまで細かく見えるセンサが実用化されています。

地球観測衛星の視力

私たちの目と比較してみましょう。視力とは、白黒の隙間をどのくらい細かく見分けられるかという基準です。一辺が7.5mmの正方形に一定の太さで書いた「E」が5m離れて見分けられることが、視力の1.0です。隙間の大きさは1.5mmになります。

計算すると、ランドサット1号は3.8、5号は6.8になります。ヒトの視力の3倍以上です。

ちなみに、解像度2.5mといわれるSPOT-5号は96.8、1mのイコノスは198となります。

この文字が見える？

5m離して、下の字を見てください。隙間がちゃんと見えたら、視力1.0です。日本ではC（ランベルト環）が多いですが、欧米ではE（スレネン視環）が多く使われます。

この本では・・・

主にランドサット5号のデータを使っていますが、一部にTerra/ASTERのVNIRのデータを使用しています。これは、解像度が15mとなっています。

解像度70mの小田原

解像度30mの小田原

生命の星・地球博物館

解像度15mの小田原

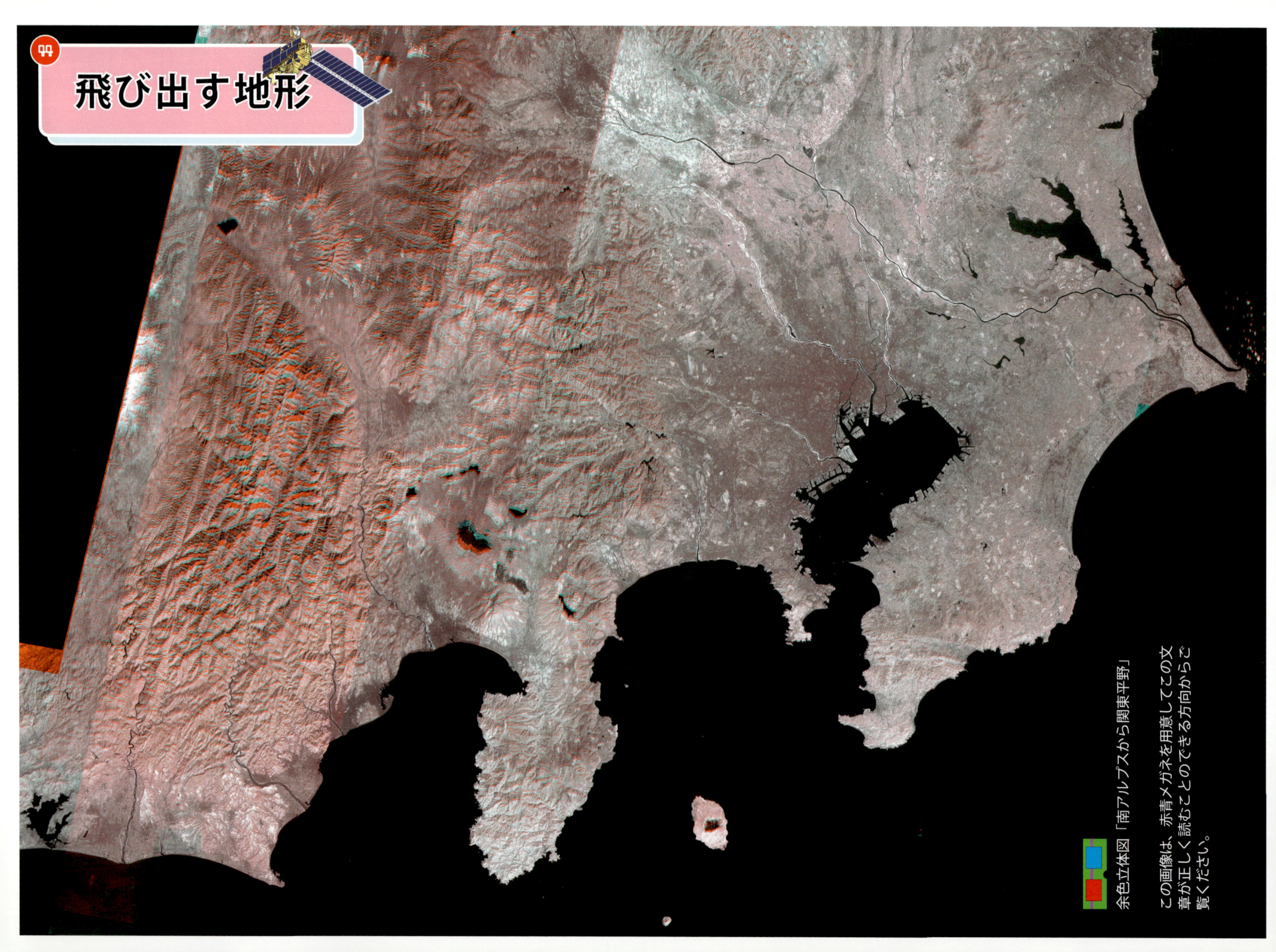

飛び出す地形

余色立体図「南アルプスから関東平野」

この画像は、赤青メガネを用意してこの文章が正しく読むことのできる方向からご覧ください。

飛び出す地形

立体的に見える仕組み

私たちの目がものを立体的に見ることができるのは、左右の目で見ているからです。鼻を挟んで多少離れたところにある両目では、同じものをそれぞれ違う角度から見ています。それを私たちの頭脳は、その角度から距離感を割り出し、前後関係を判断しています。

立体的に記録する

地図を作る作業では、地形を記録する方法として、ステレオ写真という方法が使われています。飛行機に真下を撮影するカメラを取り付け、一定速度で移動しながら、一定時間間隔で撮影すると、左右の目に対応した「離れたところから撮影した写真」が得られます。これを図化機という装置を使って、高さを割り出します。

衛星画像でも似たような方法を使います。Terra/ASTER VNIR は、真下と少し後ろを観測する（直下視と後方斜視）センサを載せています。

立体的に再生する

2種類のデータは、そのまま左右に並べても立体的に見ることができます。ステレオ写真と同じ方法でこれを「立体視」といいますが、多少の訓練、つまり慣れが必要です。

そこで、道具を使って簡単に立体的に見る方法もあります。その一つに「余色立体法」があります。

余色立体法

一枚の画像で、左右の目にそれぞれ別々の絵を見せることができればいいわけです。そこで赤と青の2色で印刷し、赤と青のフィルターのメガネで見る。そうすれば情報を切り分けられます。このとき、色のずれが、高さに当たります。

この本では、■■ のマークがところどころに出てきます。赤青メガネを自作して見てください。地形が飛び出して見えるはずです。

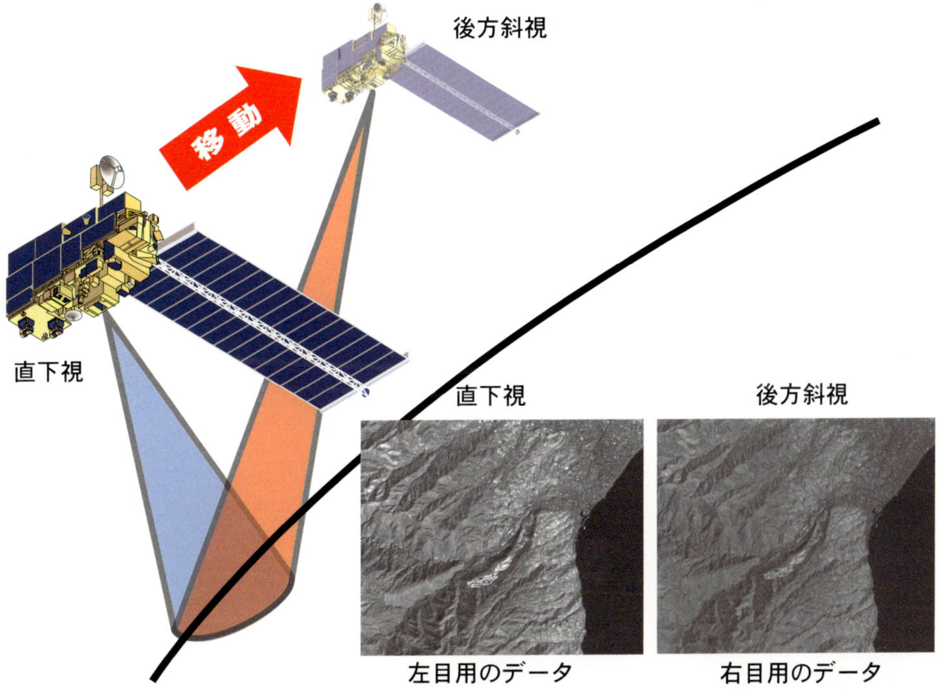

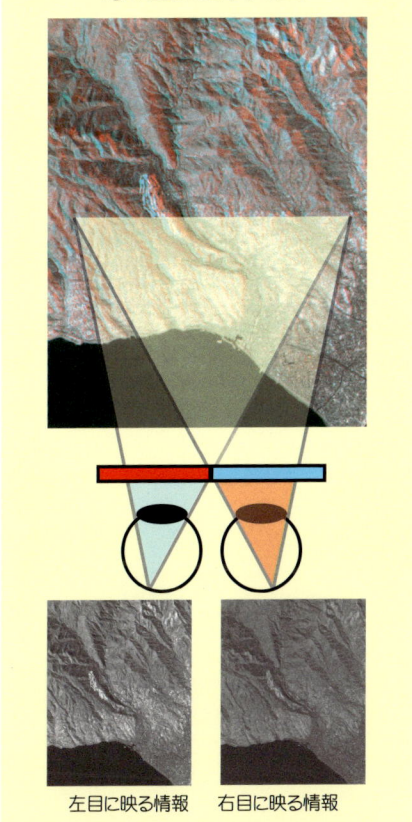

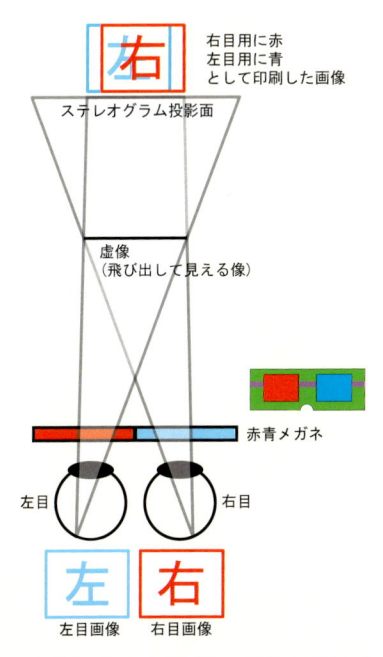

後方斜視の画像を赤、直下視の画像を青として重ね合わせます。右目に青、左目に赤のフィルムを貼ったメガネをかけて見ると、地形が飛び出して見えます。この方法を余色立体法といいます。

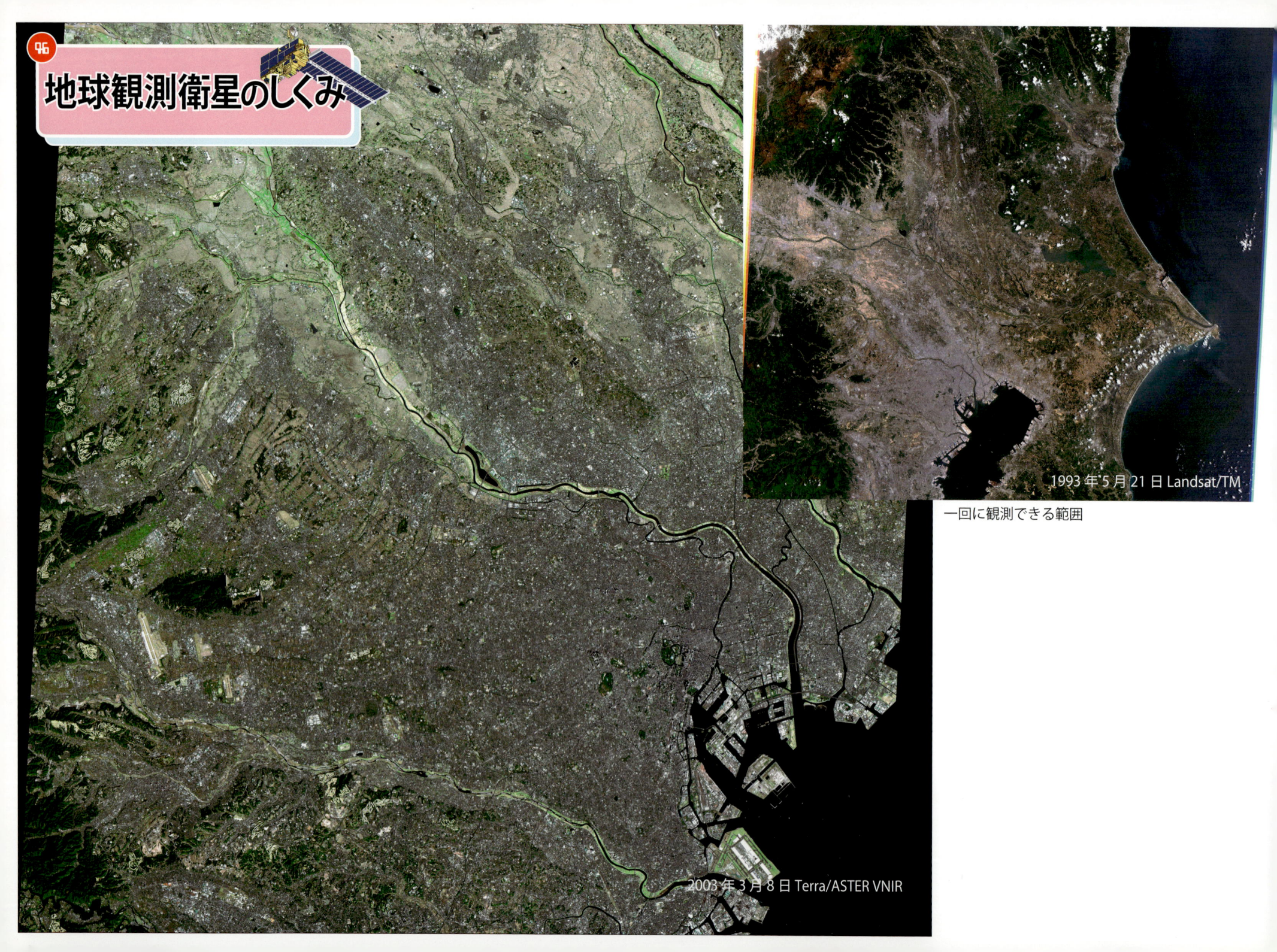

地球観測衛星のしくみ

1993年5月21日 Landsat/TM

一回に観測できる範囲

2003年3月8日 Terra/ASTER VNIR

地球観測衛星のしくみ

センサの種類

今回使っている画像はLandsat/TM（解像度30m）と、Terra/ASTER VNIR（解像度15m）の2種類です。ASTER VNIRは日本が開発したセンサです。余色立体を作ることができるのはTerra/ASTER VNIRの特徴の一つです。

一度に観測できる範囲

Landsat/TMは185kmの幅で観測できます。高崎から銚子まで一度に入ります。Terra/ASTER VNIRは細かく見える分、少し狭く60km。東京の拝島から千葉の幕張ぐらいまでしか入りません。

センサの観測の仕方

普通の写真のように見えているかもしれませんが、撮影のメカニズムが異なります。地表からの光を青・緑・赤といった色に分け、それぞれに強さを測っています。ですから、センサが捉えた生画像は、色ごとに白黒なのです。

カラー画像にする

白黒では地上の様子がわかりにくいので、カラー画像にします。私たちの目で見ているような色合いにするには、赤を測った画像を赤色、緑は緑色、青は青色で表すように、コンピュータで処理をします。ASTER VNIRの場合、青を測れないので、計算で割り出しています。

カラー画像の見方

色の違いが地面にあるものの種類の違いを示します。植物は緑系、コンクリートなどで覆われた人工物は灰色から白色、海や川、湖は青系、土が露出しているところは茶色になっています。

この性質を使って、地面の上の様子を区分けした図を「土地被覆分類図」といいます。

鳥瞰図や余色立体図にする

衛星画像は丸い地球を平らに観測するので歪んでいます。そこで幾何補正変換という補正をします。

ここまで準備ができたら、次は鳥瞰図を描きます。そのためには「カシミール3Ｄ」（http://www.kashmir3d.com/）を使います。鳥瞰図は、高さを少し強調しないと地形のでこぼこが目立ちません。この強調する倍率を「過高率」といいます。

今回紹介してきた鳥瞰図は、鳥よりはるかに高い、宇宙から見た視点で描いているので、当館では特に「宙瞰図」と呼んでいます。

余色立体への処理は、MultiSpec32というソフトを使っています。

参考にした本など

日本の地形1～7（2000～2006）東京大学出版会

図説 日本地形用語事典(2002) 東洋書店

山と高原の地図シリーズ　昭文社

分県登山ガイドシリーズ　山と渓谷社

データ

p.1：宇宙から見た神奈川

鳥瞰位置 北緯36度30分　東経154度30分
高度900,000m　過高率1.5倍
方位269.2度　伏角48.3度
衛星画像 Landsat/TM
　　1997年4月・1996年11月を合成

p.48：富士山越しに見た神奈川
　　　（宇宙から見た神奈川Part.2）

鳥瞰位置 北緯35度27分　東経136度00分
高度300,000m　過高率1.25倍
方位90.0度　伏角50.0度
衛星画像 Terra/ASTER VNIR
　　2002年3月・10月を合成

土地被覆分類図「箱根」

おわりに

地球観測衛星の画像が持つ魅力は、この本だけでは紹介しきれません。皆さんの興味のきっかけになれば幸いです。

この本は地図帳と見比べると、より楽しく読むことができます。また、地学や地理の教科書や参考書などがあると、地形の生い立ちなどが理解でき、より深く読むことができると思います。

衛星画像に隠された、いろいろな情報を読み取ってみてください。

著者紹介

新井田 秀一（にいだ しゅういち）

勤務先：神奈川県立生命の星・地球博物館

地球観測衛星の画像データから、そこに写しこまれている情報を取り出す「画像解析」を専門にしている。
勤務先のURLは http://nh.kanagawa-museum.jp/index.html

この本に掲載している鳥瞰図の作成にあたっては、国土地理院長の承認を得て、同院発行の数値地図 250m メッシュ (標高) および数値地図 50m メッシュ (標高) を使用したものである。（承認番号 平18総使、第369号）

宇宙から見た日本
～地球観測衛星の魅力～

2006年12月 5日　第1版第1刷発行
2013年 9月 5日　第1版第8刷発行

著　者　新井田秀一
発行者　安達建夫
発行所　東海大学出版会
〒257-0003 神奈川県秦野市南矢名 3-10-35
TEL 0463-79-3921　FAX0463-69-5087
URL http://www.press.tokai.ac.jp/
振替 00100-5-46614
印刷所　港北出版印刷株式会社

©Shuichi NIIDA, 2006　　ISBN978-4-486-03701-9

Ⓡ〈日本複製権センター委託出版物〉
本書の全部または一部を無断で複写複製（コピー）することは，著作権法上の例外を除き，禁じられています．本書から複写複製する場合は日本複製権センターへご連絡の上，許諾を得てください．
日本複製権センター（電話 03-3401-2382）